不可思议的万物变化

水的循环

[英] 吉利安·鲍威尔 著

[荷] 凯·科恩 绘

吕红丽 译

中国农业出版社

农村读物出版社

北 京

图书在版编目（CIP）数据

不可思议的万物变化.水的循环 ／ (英) 吉利安·鲍
威尔著；(荷) 凯·科恩绘；吕红丽译.—北京：中
国农业出版社，2023.4
ISBN 978-7-109-30385-0

Ⅰ.①不⋯　Ⅱ.①吉⋯　②凯⋯③吕⋯　Ⅲ.①自然科
学－儿童读物②水－儿童读物　Ⅳ.①N49②P33-49

中国国家版本馆CIP数据核字(2023)第028811号

著作权合同登记号：图字01-2022-5148号

中国农业出版社出版
地址：北京市朝阳区麦子店街18号楼
邮编：100125
策划编辑：宁雪莲　陈　灿
责任编辑：全　聪　　文字编辑：屈　娟
版式设计：李　爽　　责任校对：吴丽婷　　责任印制：王　宏
印刷：北京缤索印刷有限公司
版次：2023年4月第1版
印次：2023年4月北京第1次印刷
发行：新华书店北京发行所
开本：889mm×1194mm　1/12
印张：$2\frac{2}{3}$
字数：45千字
总定价：168.00元（全6册）

目　录

地球上的水

地球是一颗湿润的星球，地球表面大部分面积都被海洋覆盖。从太空看，地球是一个蓝色星球。据我们所知，地球是太阳系中唯一一颗表面大部分被水覆盖的行星。

咸水

小溪、河流和湖泊中的水主要是淡水，只占了地球总水量的一小部分。地球上的水绝大部分是咸水，主要存在于广阔无垠的海洋中。

71%

地球上的海洋面积约为3.6亿平方千米，地球表面约71%都被海洋覆盖。

淡水

地球上的淡水总量不到总水量的3%，其中约69%的淡水储存在冰川中，约30%的淡水是地下水，河流、湖泊中的淡水量不超过地球淡水总量的0.3%。

地球上那些较大瀑布，每秒钟淡水的流量可达数百万升。

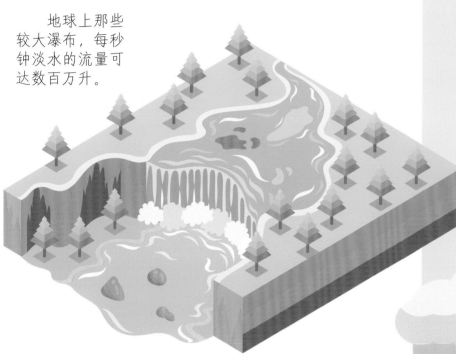

蒸发与降水

海洋、湖泊和河流中的水不断蒸发，再通过降水回到地表，形成水循环。海洋表面蒸发的水汽进入大气，然后以雨、冰雹、雨夹雪或雪等形式降落到地表。这些到达地表的降水，除部分蒸发外，一部分在地面流动，形成地表径流；另一部分渗入地下，形成地下径流。两者汇入江河、湖泊，最终流回海洋。

水的形态

水非常独特，在自然界中以3种形态存在，分别是固态（冰）、液态（水）和气态（水蒸气）。

固体比较硬，移动时不会变形，例如冰和岩石。液体可流动，形状会随着容器的形状而改变，例如我们可以将牛奶从瓶子里倒入玻璃杯中。气体没有固定的形状和体积，例如我们周围的空气中混合着多种气体，有氮气、氧气、水蒸气和二氧化碳等。

凝固和融化

正常情况下，当温度降至0℃时，液态的水开始凝固变成固态的冰。冰受热后，热能可使冰融化变成水。

温度降至0℃时，
水会凝固成冰。

蒸发

水可蒸发形成水蒸气，蒸发面的温度越高，蒸发越快。例如，太阳出来后，一些水坑里的水很快就会消失，这是因为太阳辐射使水坑里的水温升高，水蒸发变成水蒸气的速度更快。

烈日下，湿衣服上的水蒸发，衣服变干。

液化

水蒸气等气体遇冷变成液体，是液化现象。例如，当热空气与冰冷的窗户玻璃接触时，玻璃上就会出现水滴。蒸发和液化是水循环过程中的重要环节（见第10～11页）。

液化 ———

这个冰镇饮料罐的表面凝结了许多水珠。

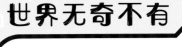

世界无奇不有

问 你知道在珠穆朗玛峰的顶峰，水的沸点是多少吗？

答 约为73.5℃。在海平面附近，水的沸点为100℃。然而，珠穆朗玛峰顶峰空气稀薄，气压较小，因此水的沸点较低。

淡水与咸水

地球上咸水资源丰富，人们可以利用的淡水资源却非常有限。

溶剂

水是一种溶剂，能够溶解很多物质，如糖就可以在水中溶解。因此水中含有多种物质，如钠、钙和氯化物，主要是水流经陆地时所溶解的物质。淡水是指每升水中含盐量小于1克的水，多于1克就是咸水。大部分淡水每升的含盐量不足0.5克。

盐类矿床

死海是著名的咸水湖泊，湖水盐度很高，平均约为30%。由于含盐量高，死海的水浮力很大。

在咸水中生活

海洋中的动物已经适应了咸水中的生活。例如，许多海洋动物身上都长有特殊的腺体，这些腺体能够清理它们体内多余的盐。生活在陆地上的动物通常无法饮用太咸的水，只能以淡水为生，因为它们的身体无法处理过多的盐。

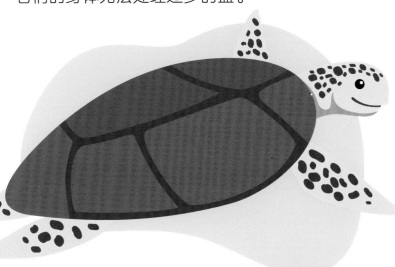

海龟的眼睛后部长有一种排盐的腺体，当这种腺体在排出体内多余盐分的时候，就好像海龟在流泪。

海水淡化

在淡水供应不足的地方，可利用海水淡化技术去除海水中的盐分来获得淡水。将海水煮沸，蒸发产生的水汽冷凝后即得淡水，剩下的是盐。遗憾的是，这一过程需要消耗大量能源。可以说，以这种方式获得淡水成本高昂，而且对环境不利。

世界无奇不有

问 哪种鱼出生在淡水中，但"鱼"生大部分时间都生活在咸水中？

答 大麻哈鱼。这种神奇的鱼出生于淡水溪河中，出生后在淡水中生活几个月，游入大海，大概4年后再回到出生的地方繁殖。

水循环

水在陆地、海洋、大气之间不断运动，以固态、液态、气态的形式相互转化。令人惊讶的是，地球上的总水量基本上没有变化。这意味着数十亿年前存在于地球上的水现在仍然存在，循环往复。

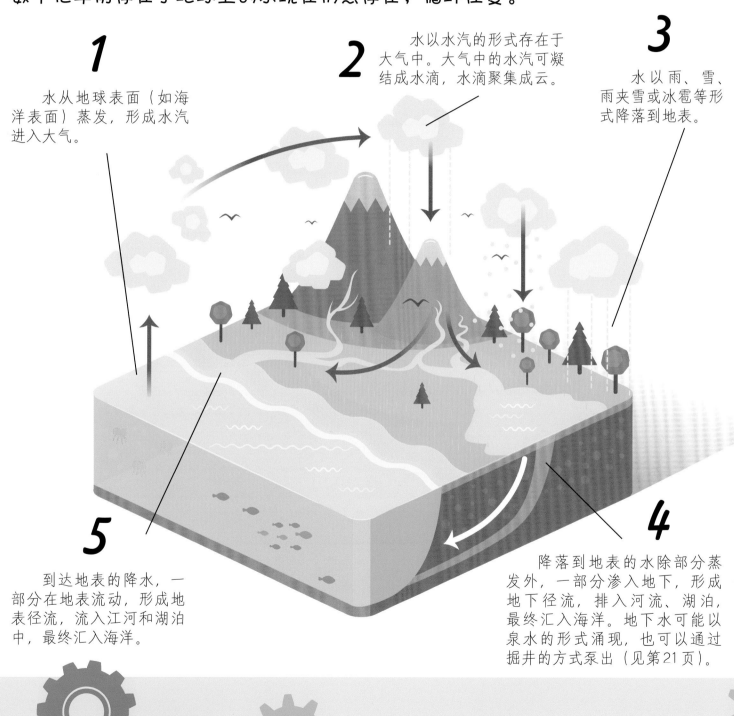

1
水从地球表面（如海洋表面）蒸发，形成水汽进入大气。

2
水以水汽的形式存在于大气中。大气中的水汽可凝结成水滴，水滴聚集成云。

3
水以雨、雪、雨夹雪或冰雹等形式降落到地表。

4
降落到地表的水除部分蒸发外，一部分渗入地下，形成地下径流，排入河流、湖泊，最终汇入海洋。地下水可能以泉水的形式涌现，也可以通过掘井的方式泵出（见第21页）。

5
到达地表的降水，一部分在地表流动，形成地表径流，流入江河和湖泊中，最终汇入海洋。

雾

　　水在河流、湖泊等表面蒸发或通过植物蒸腾形成水汽后，有时会凝结成一层薄雾，悬浮在空气中。

世界无奇不有

问 你知道哪条河流向海洋注入的淡水量最多吗？

答 亚马孙河。注入海洋的淡水中，大概有 1/5 是这条河贡献的。雨季期间，亚马孙河每秒钟向大海注入的淡水量达 30 多万立方米！

大气中的水

地球大气中含有许多水汽。如果大气中所有的水分同时降落，整个地球表面的降水量将达到25毫米左右。这些水汽对天气变化产生了很大的影响，是产生云、雾、雨、雪等天气现象的重要因素。

湿度

湿度是指空气内含水汽的多少。暖空气中含有较多水汽，因此天气温暖时下雨，空气会非常潮湿。冷空气中所含水汽较少，空气就比较干燥。

云的形成

在云形成的过程中，关键环节就是水汽凝结。含有水汽的湿热空气向上抬升，上升空气的温度降低，则空气中所能容纳的水汽含量减少。当温度降低到一定程度，空气中的水汽会达到饱和。如果空气继续上升，多余的水汽就附在空气中悬浮的微粒（如尘埃）上，凝结成小水滴或形成小冰晶。它们聚集在一起成为我们能看到的云。

空中有阳光和水滴时，通常就会出现彩虹。阳光射入水滴，经过折射和反射，被分散成多种颜色的光线。

云的类别

天空中的云总是千姿百态，千变万化。根据云的形状、组成等可以将云分为不同的类别。

世界无奇不有

问 你知道什么是鱼鳞天吗？

答 鱼鳞天指布满鱼鳞状云块的天空。这些云块看起来也像一群毛茸茸的小绵羊。出现这样的云说明天气很快会发生变化。

卷云由冰晶构成，属于高云族，出现时一般不会下雨。

蓬松的积云通常出现在天气温暖的时候，是天气晴朗的象征。

层云呈片状覆盖在天空中，属于低云族，一般出现在多云天气，偶尔会下毛毛雨。

降水

水分子在大气中停留约10天，就会降落到地面。云层中汇聚了大量水滴，但单个水滴又小又轻，无法降落。水滴相互碰撞结合后，体积和重量会不断增大。当水滴越来越大，大到空气再也托不住了，便降落到地面，形成降雨。

什么是降水

降水是指从大气中降落到地面的水汽凝结物，多数情况下以雨的形式降落，有时也会以雨夹雪、冰雹或雪等形式降落。雪花由小冰晶黏合而成，通常落地即化，不过如果天气足够冷的话，落到地面就不会融化。

积雨云出现时常伴有雷电和阵雨。

冬季，北温带地区的降雪现象很普遍。

气候

世界不同地区的降雨状况不相同，气候也不同。热带雨林气候地区通常全年多雨。温带季风气候地区夏季多雨，冬季少雨。有沙漠气候的地区，降雨非常少。

季风雨

在许多地方，季风会带来降水。例如，在印度的雨季，从印度洋吹来的西南季风会带来强降水。然后，风向改变了。从大陆吹向海洋的东北季风盛行，天气变得干燥少雨，旱季来临。

雨季的降水量在短时间内达到几十毫米，易导致山洪暴发。

世界无奇不有

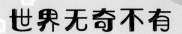

问 你知道什么是雪线吗？

答 雪线是某个地区多年积雪区的下边界，是年降雪量和融雪量平衡的地带。雪线以下，气温较高，不能积累多年的冰雪，为季节性积雪区。雪线以上，为常年积雪区。

蒸发

水可以从物质表面蒸发，如海洋、植物、水坑和建筑物的表面，甚至我们的皮肤表面。

热量

太阳的热量能够加快水分蒸发。在热量的作用下，水分子加速运动，一些水分子会从水面蒸发。

盐田中的水蒸发后，就可以获得盐。

影响蒸发的因素

影响蒸发的因素很多，比如蒸发面的温度、空气的湿度和风等。具体来说，蒸发面温度越高，蒸发就越快。空气湿度越大，蒸发就越慢，因为空气中可以容纳的水分是有限的，一旦空气中的水分达到饱和，水就难以蒸发了。有风时，蒸发加快，因为风可以吹走潮湿的空气，带来较为干燥的空气。

蒸发量和降水量

有些地方，蒸发量比降水量大。例如，海洋的蒸发量就比降水量大。大气中的水汽主要来源于从海洋表面蒸发的水。风把湿润的空气从海洋吹到陆地上，水汽凝结形成降水。陆地上，降水量大于蒸发量。降落到地面的水有一部分流入河流中，最终汇入海洋。

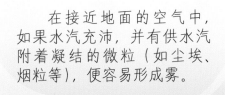

在接近地面的空气中，如果水汽充沛，并有供水汽附着凝结的微粒（如尘埃、烟粒等），便容易形成雾。

世界无奇不有

问 为什么皮肤上的水分蒸发时，我们会感觉凉爽？

答 水分蒸发会吸热，当水分从我们的皮肤表面蒸发时，会带走皮肤的热量，因此我们会感到凉爽。当我们感觉太热的时候，可以通过喝水补充从皮肤上蒸发的水分。

植物与水

植物在水循环中起着关键作用。从植物表面散失的水量占了大气中所有蒸发量的10%。

水对植物的作用

水对植物来说至关重要，是植物赖以生存的物质。植物因失水过多而茎叶下垂，这就是萎蔫。如果不及时浇水，植物就会死亡。植物在合成食物的光合作用中也需要水。

植物通过根系吸收土壤中的水分，然后从茎运输到叶中并散失到大气中。水分以气体状态从植物体（主要是叶子）表面散失到体外的现象称为蒸腾作用。

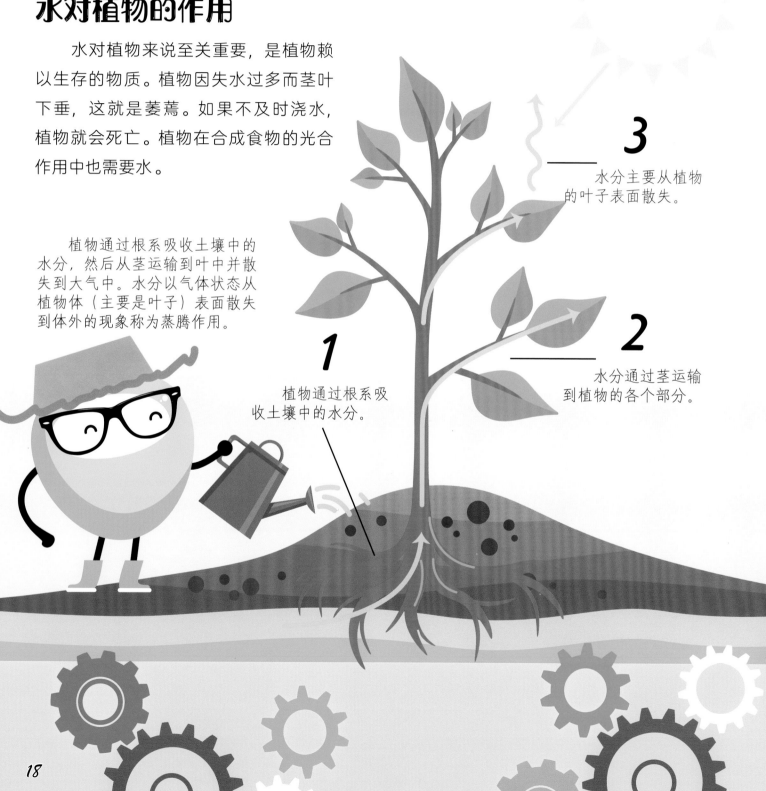

3 水分主要从植物的叶子表面散失。

2 水分通过茎运输到植物的各个部分。

1 植物通过根系吸收土壤中的水分。

热带雨林

热带雨林中的树木高大茂密，在雨林上方形成浓密的林冠。因此，降雨时，一部分水量从未到达地面，而是落在林冠的叶子上，经蒸发后再回到大气中凝结，形成雨水落下。落到地面的雨水渗入地下，慢慢流入江河中。热带雨林遭到砍伐（见第27页）后，当地的水循环遭到破坏，植物蒸腾作用减少，因此降水量减少。没有了树的保护，土壤会被大雨冲走，引发更多洪灾。

（见第27页）

世界无奇不有

问 沙漠中的仙人掌如何生存？

答 仙人掌身上长着刺，却没有大片的叶子，这一特点能让仙人掌减少蒸腾作用，同时可防止被动物食用。此外，仙人掌的茎上覆盖着一层厚厚的蜡状物，这可使其减少水分流失。仙人掌也可以在茎中储存水分。

地下水

世界上的淡水有30%左右都储存在地下。

地下水

降落到地面的水渗入土壤，沿着缝隙流动，逐渐填充到土壤颗粒之间的空隙中。一部分地下水被植物根系吸收，其余部分继续渗入地下。最终，地下容纳的水越来越多，填满了所有空隙，地下水达到饱和。

地下水面

地下水的表面称为地下水面。如果你在地下水面处向下挖一个洞，洞底很快就会充满水。地下水面的高度会受到天气的影响。降水较多时，地下水面增高。

有些地方，地下水沿地下洞穴流动，形成地下河。

含水层

白垩和砂岩等岩石中有许多孔隙或孔洞，可以容纳水分。这些饱含水的岩层即含水层。水通过岩石的裂隙和孔隙向下流动，到达隔水层（如黏土层）后就很难再向下渗透。

泉

泉是指地下水露出地表的地方。含水层露出地表时，例如斜坡与含水层相切，地下水涌出地表形成泉。

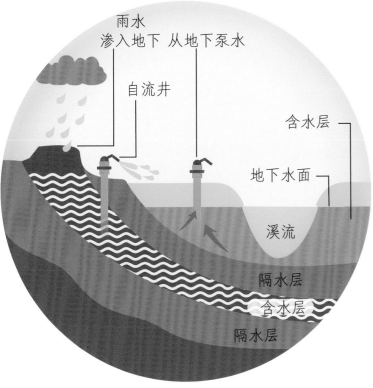

雨水
渗入地下　从地下泵水
自流井
含水层
地下水面
溪流
隔水层
含水层
隔水层

没有泉时，人们可以打井取水。有些井需要用泵把水泵出地面。自流井（见上图）中的水由于受到压力，可从地面涌出，无需使用水泵。

世界无奇不有

问 农民可以在沙漠种植庄稼吗？

答 在沙漠中种植庄稼很具挑战性。由于沙漠炎热和缺水，农民便在沙漠中种植耐旱的作物如小麦和瓜类，高效率地用水浇灌庄稼，不浪费一滴水。

冰川

冰川是分布在地球两极或高山地区的巨大冰体，通常处于运动状态。两极或高山地区天气寒冷，积雪难以融化，不断堆积形成厚厚的冰层，这就是冰川。

冰川运动

当冰川达到一定厚度，在重力的作用下沿着地面倾斜方向移动。冰川边缘部位运动速度慢，中间部位运动速度快。冰川不是纯冰，里面夹杂着大量岩石碎屑。随着冰川的移动，冰川底部的岩石碎屑不断与地表摩擦，侵蚀地表。

扩大与收缩

到了冬季，冰川的范围扩大；到了夏季，冰川的范围收缩。冰川融化时，里面夹杂的岩石碎屑掉落出来，堆积起来形成冰碛。

冰期

距今大约2.1万年前的末次盛冰期，天气极为寒冷，冰川的范围很大，覆盖了地球约1/3的陆地。如今，冰川仅覆盖了11%的陆地，其中储存着地球约69%的淡水。

由于冰川运动会侵蚀山谷谷底和山坡，导致曾经存在过冰川的山谷现在大多呈"U"形。

河流

降落到地表的水一部分成了地下水，一部分流入河流。

河源

河流的源头可能是山坡上的泉水、冰川融水或春天的融雪，河源处地表流水汇聚成溪。溪流中的水流速很快，从岩石上冲刷而过，侵蚀岩石。

溪流变成河流

水源源不断流入溪流，溪流逐渐扩大，形成河流。汇入河流的还有大量沉积物，如黏土、粉砂，以及树叶、树枝和其他碎屑。

溪流中的水顺着山坡快速流下。

河流中游的水流速变慢。

河曲

　　河流的中下游两岸，经过长期洪水泛滥冲积所形成的平原叫做洪泛区，这片地区通常地面平坦，大雨过后，可能会泛滥成灾。通常而言，在平原河流中下游某些河段的一侧，河水流速较快，冲刷着这侧河岸，导致河岸向内凹入，形成凹岸。而在河段的另一侧，河水流速较慢，沉积物发生堆积，导致河岸向外凸出，形成凸岸。这些河段慢慢就形成了弯道，称为河曲。最后，河流汇入大海。

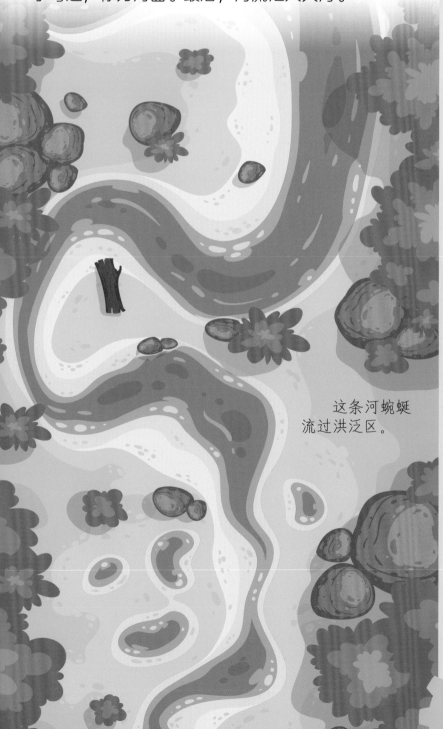

这条河蜿蜒流过洪泛区。

世界无奇不有

问 你知道什么是河口吗？

答 河口是指河流汇入海洋、湖泊或其他河流的地方。河口处，河水流速慢，河流中的沉积物下沉、堆积。入海河口的水微咸——既算不上淡水也算不上是海水，是淡水和海水的混合物。

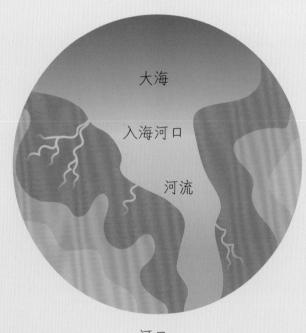

大海

入海河口

河流

河口

气候变化

水循环已经持续了数十亿年。虽然地球上的总水量没有太大变化（见第10页），但是降水模式多次变化（见第15页），此外储存在冰中的水量也发生了变化。由于全球变暖，气候正在变化。

冰川后退

随着全球变暖，世界上的冰川规模不断缩小，冰融化成水，汇入海洋。全球变暖使海洋温度升高，海水膨胀。与同体积的冷水相比，温水所占的空间更大，再加上源源不断的冰川融水的汇入，导致海平面上升。

极地冰川面积正在缩小，这对北极熊等极地动物的生存环境造成了威胁。

滥伐森林

森林被砍伐后，植物的蒸腾作用减少（见第18页），导致曾经降水量充沛的地方降水量减少。此外，由于缺少树根来固定土壤，水土流失严重，降水直接冲刷地表，容易引发洪水。

滥伐森林（上图）导致水土流失，这条小溪（下图）被泥沙堵塞。

世界无奇不有

问 冰川后退的速度有多快？

答 大多数冰川正在迅速后退，许多冰川将在未来消失。喜马拉雅山的一些冰川可能会在 2040 年消失。在美国蒙大拿州的冰川国家公园，曾经的 150 座冰川中只有不到 30 座仍然存在。大部分冰川的规模都在缩小。

节水

随着世界人口的增长，必须扩大农业和工业生产才能满足人们日益增长的需求，这意味着用水量的增加。然而，地球上的水资源有限，因此，我们如果不希望水资源枯竭的话，就必须从现在起节约用水。

气候变化的影响

气候变化让我们的生活环境变得糟糕。世界各地的天气变得越来越不可预测，这对一些地方的影响很大。这些地方今年可能会发生洪水，明年可能就出现旱灾，许多动植物的生存受到威胁。

集水

有的地方冬季降水较多，但夏季人们对水的需求更大。为了解决这一矛盾，人们需要集水，他们修建水库（大型人工湖），将水汇集在一起并储存起来，以备后用。

在这个村子里，每家每户都在屋顶收集水，并储存在大水箱里。

必须定期给农作物浇水，否则就会导致作物死亡、庄稼歉收。

节水意识

节水的方法很多，可以从每天的点滴做起。例如，用完水后尽快关闭水龙头，尽量淋浴而不是盆浴，用洗澡水冲厕所或给室内植物浇水。下雨时用水桶和其他容器收集雨水，用收集来的雨水浇灌花园里的植物。

世界无奇不有

问 在经济较发达国家，每个人平均每天能用多少水？

答 在美国，平均每人每天的用水量为 400 升或以上。在英国平均为 140 升。而生活在经济不发达国家（如非洲的坦桑尼亚），平均每人每天的用水量只有 10 ~ 20 升。

不关水龙头就会浪费大量水。

词汇表

冰川	分布在地球两极或高山地区的巨大冰体，通常处于运动状态。(5，22，23，24，26，27)
冰期	地球历史上特别寒冷、冰川覆盖了大部分陆地的时期。(23)
冰碛	由冰川携带并最后沉积下来的石块等堆积物。(23)
层云	属于低云族，呈灰色或灰白色，云体均匀成层。(13)
沉积物	沉积在流体中的黏土、粉砂等小颗粒。(24，25)
氮气	大气中的一种气体，无色无味。(6)
低云	云的分类中，云底距离地面最低一级的云。(13)
地下水	储存在地下岩石和土壤空隙中的水。(5，10，20，21，24)
地下水面	地下水的表面。(20，21)
沸点	液体沸腾时的温度。(7)
分子	物质中能够独立存在，并保持该物质化学性质的最小粒子。(14，16)
粉砂	非常微小的矿物和岩石碎粒。(24)
钙	一种金属元素，存在于岩石、骨骼和贝壳等内部。(8)
高云	云的分类中，云底距离地面最高一级的云。(13)
隔水层	透过与给出的水量微不足道的岩层。(21)
光合作用	绿色植物利用光能将二氧化碳和水合成有机物，同时释放出氧气的过程。(18)
海水淡化	除去海水中的盐分获得淡水的过程。(9)
含水层	饱含水的岩层。(21)
河口	河流汇入海洋、湖泊或其他河流的地方。(25)
河曲	河流中蜿蜒曲折的河段。(25)

洪泛区 河流的中下游两岸，经过长期洪水泛滥冲积所形成的平原。(25)

积雨云 属于低云族，云体浓厚庞大，出现时常伴有雷电和阵雨。(14)

积云 属于低云族，底部较平，顶部凸起，轮廓分明，云块之间常常不相连。(13)

降水 从大气中降落到地面的水汽凝结物，包括雨、冰雹、雪等。(5、10、12、14、15、17、19、20、26、27、28)

卷云 属于高云族，由冰晶构成，颜色白，没有暗影，并且有光泽，呈现薄片状或狭条状。(13)

林冠 森林中连在一起的树冠。(19)

氯化物 氯的化合物，评定水体污染情况的指标之一。(8)

钠 一种碱金属元素，以盐的形式广泛分布于陆地和海洋中。(8)

南极冰盖 南极大陆上厚重的常年不融化的冰雪。(23)

凝固 物质从液态转变为固态的过程。(6)

气候 某一个地区多年的天气特征。(15、26、28)

全球变暖 全球平均气温升高的现象。(26)

热带 位于赤道两侧，即南回归线和北回归线之间的地带。(15、19)

溶剂 能溶解其他物质的物质。(8)

山洪	山区骤发性的洪水。(15)
湿度	空气内含水汽的多少。(12，17)
水库	拦洪蓄水和调节水流的建筑物。(28)
水土流失	土壤被水冲刷而散失的现象。(27)
水循环	水在地球系统中的循环运动。(5，7，10，18，19，26)
水蒸气	也称"水汽"，是气态的水。(6，7)
腺体	生物体内具有分泌功能的组织（器官、一群细胞）。(9)

液化	物质从气态变为液态的过程。(7)
蒸发	在蒸发面表面发生的汽化（汽化指物质由液态变为气态的过程）现象，蒸发在任何温度下都能进行。(5，7，9，10，11，16，17，18，19)
蒸腾作用	水分以气体状态从植物体（主要是叶子）表面散失到体外的现象。(18，19，27)
自流井	无需使用泵，地下水自然上升到地面的井。(21)

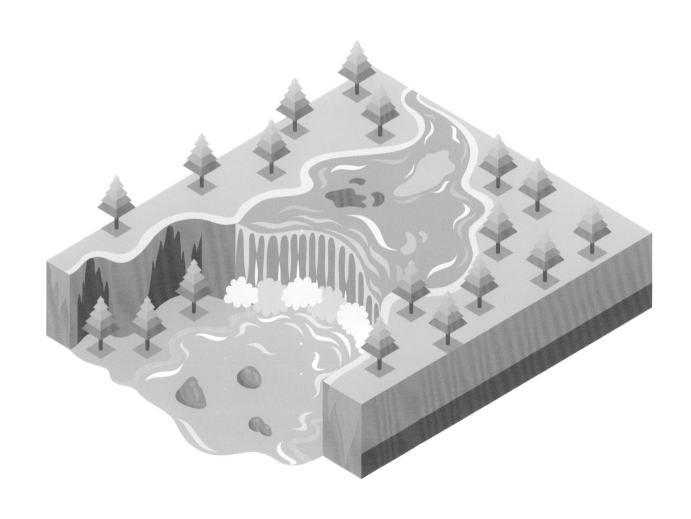